Bibliografische Information der Deutschen Nationalbibliothek:

Die Deutsche Bibliothek verzeichnet diese Publikation in der Deutschen National-
bibliografie; detaillierte bibliografische Daten sind im Internet über http://dnb.d-
nb.de/ abrufbar.

Impressum:

Copyright © 2015 GRIN Verlag, Open Publishing GmbH
Druck und Bindung: Books on Demand GmbH, Norderstedt Germany
ISBN: 9783668456648

Dieses Buch bei GRIN:

http://www.grin.com/de/e-book/334245/geplante-ausschreibungen-fuer-photovol-
taik-anlagen-in-deutschland-hintergruende

Rouven Wendel

Geplante Ausschreibungen für Photovoltaik-Anlagen in Deutschland. Hintergründe und Vorschläge

GRIN Verlag

Akt. Themen der Energieversorgung

Geplante Ausschreibungen für PV-Anlagen in Deutschland:

Hintergründe & Vorschläge

Hochschule für Technik und Wirtschaft des Saarlandes

University of Applied Science

2015/16

Rouven Wendel

Bachelorstudiengang Wirtschaftsingenieurwesen

Abstract

Das Ziel dieser Seminararbeit ist eine ganzheitliche Betrachtung des Ausschreibungsdesigns für Photovoltaikanlagen, welches durch die Gesetzesnovelle im EEG 2014 eingeführt wurde, mit dem Ziel die Energiewende kostengünstiger zu gestalten. Durch Anwendung des Ausschreibungs-/Auktionsdesign wird eine zielgerichtete Steuerung des Ausbaukorridors hinsichtlich Kosteneffizienz und Leistung angestrebt. Auch sozial-gesellschaftliche Aspekte wie die Akteursvielfalt sollen hierbei gewahrt werden. Energieverbände und Forscher üben jedoch starke Kritik an dem Design. Gestützt wird diese auch durch bereits gesammelte Erfahrungen in internationalen Ausschreibungsprojekten. Jedoch wird die Zukunft des Fördersystems durch eine Handlungsempfehlung der Bundesregierung an den Bundestag Mitte 2016 beschlossen.

Inhaltsverzeichnis

Abbildungsverzeichnis

Glossar

EEG	Erneuerbare-Energien-Gesetz
UN	United Nations
StromEinspG/StrEG	Stromeinspeisungsgesetz
BMWi	Bundesministerium für Wirtschaft und Energie
PV	Photovoltaik
EE	Erneuerbare Energien
BIMA	Bundesanstalt für Immobilienaufgaben
FFAV	Freiflächenausschreibungsverordnung
BnetzA	Bundesnetzagentur
GbR	Gesellschaft des bürgerlichen Rechts
BDEW	Bundesverband der Energie- und Wasserwirtschaft e.V.
IZES	Institut für ZukunftsEnergieSysteme
BSW	Bundesverband Solarwirtschaft
EEAG	European Economic Advisory Group

1. Einleitung

Vergangenen Dezember wurde durch die UN-Klimakonferenz mit samt ihrer 194 Mitgliedsstaaten, in Paris, das Nachfolgeabkommen des Kyoto-Protokolls verabschiedet.[1] Ziel hierbei war die Begrenzung der Treibhausgasemissionen.[2] Zur Wahrung des Klimas und der Umwelt, aber auch mit Blick auf die schwindenden fossilen Energiereserven hat die Bundesregierung Werkzeuge etabliert, welche dem Klimawandel und unserer Abhängigkeit von fossilen Brennstoffen entgegen wirken sollen.

Eines der bekanntesten, das Erneuerbare-Energien-Gesetz (EEG), wurde bereits im Jahre 2000 etabliert und ersetzte somit das Stromeinspeisegesetz (StrEG).[3] Es soll den Ausbau der erneuerbaren Energien steuern und vorantreiben. Das übergeordnete Ziel der Energiewende, festgelegt durch das Bundesministerium für Wirtschaft und Energie (BMWi) ist die sukzessive Erhöhung des Bruttostromverbrauches aus erneuerbaren Energien auf mindestens 80% bis 2050.[4] Durch mehrere Gesetzesnovellen in den Jahren 2004, 2009, 2012 und 2014 wurde das Gesetz immer weiter verfeinert und angepasst.

In der letzten Novelle vom Jahre 2014 betrifft die größte Änderung der fünf im EEG genannten erneuerbaren Energien vorerst lediglich die solare Strahlungsenergie. Die Förderung dieser soll in einem Pilotprojekt für Photovoltaik (PV) Freiflächenanlagen auf Ausschreibungen umgestellt werden. Ausschreibungen für weitere EE-Arten sind bereits geplant. Diese Umstellung sorgte für großen Unmut in der Energiebranche, welche die Realisierung der Energiewende als gefährdet sieht.[5] Um Erfahrungen mit dem Ausschreibungsdesign zu sammeln, starten ab 2015 erste Pilotausschreibungen im Bereich Photovoltaik-Freiflächenanlagen. Diese sollen im weiteren Verlauf einer zielorientierten Anpassung des Ausschreibungsdesigns dienen.

---

[1] vgl.: http://www.bmub.bund.de/presse/pressemitteilungen/pm/artikel/klimaschuetzer-schreiben-geschichte/
[2] vgl.: http://www.cop21paris.org/about/cop21/
[3] vgl.: https://www.erneuerbare-energien.de/EE/Redaktion/DE/Dossier/eeg.html?cms_docId=71110
[4] vgl.: §1 Abs. 2 EEG 2014 (Zweck und Ziel des Gesetzes)
[5] vgl.: http://www.unendlich-viel-energie.de/themen/politik/ausschreibungen-in-der-kritik

2. Geltungsbereich

2.1 Für wen und ab wann ist das Ausschreibungsverfahren relevant?

In der Pilotphase **ab 2015**, sind lediglich PV-Freiflächenanlagen von den Ausschreibungen betroffen.[6] Dies sind vor allem Seitenstreifen (110m) entlang von Autobahn/Schienenwegen sowie Konversionsflächen.[7,8] PV-Anlagen auf baulichen Anlagen werden in der kommenden Entwicklung ebenfalls, laut Eckpunkte Papier zur EEG Novelle 2016, an den Ausschreibungen teilnehmen und in Konkurrenz zu den Freiflächenanlagen treten.[9]

Ab 2016 werden Ackerflächen (maximal 10 Flächen pro Jahr) und sogenannte benachteiligte Gebiete, wie Flächen der Bundesanstalt für Immobilienaufgaben (BIMA), in das Verfahren aufgenommen.[10]

Zu der Reglung **ab dem Jahre 2017** wurde nach §2 Abs. 5 Satz 1 EEG 2014 festgelegt, dass: *„Die finanzielle Förderung und ihre Höhe sollen für Strom aus erneuerbaren Energien und aus Grubengas bis spätestens 2017 durch Ausschreibungen ermittelt werden."* Der gleiche Absatz besagt weiterhin, dass zur Designgestaltung dieser Ausschreibungen die Erfahrungen aus vorangegangenen Pilotausschreibungen einfließen sollen. Ein genauer Zeitrahmen wurde jedoch nicht näher definiert.

3. Ziele des Ausschreibungsverfahrens

Als Grundlage des Fördersystemwandels hin zu einer ausschreibungsbasierten Förderung, wurden mehrere politische Ziele von der Bundesregierung genannt. Diese Ziele sollen gleichermaßen für alle EE-Technologien gelten und gliedern sich in das Zieltrias der Energiepolitik (siehe Abbildung 4-1).[11]

---

[6] vgl.:§1 FFAV (Anwendungsbereich)
[7] vgl.:§51 Abs. 3 Satz c), Teilsatz cc), EEG 2014 (Solare Strahlungsenergie)
[8] vgl.:§5 Abs. 16 EEG 2014 (Begriffsbestimmung)
[9] vgl.:https://www.bmwi.de/BMWi/Redaktion/PDF/E/eckpunkte-eeg-novelle-2016,property=pdf,bereich=bmwi2012,sprache=de,rwb=true.pdf S.3
[10] vgl.:https://www.bmwi.de/BMWi/Redaktion/PDF/E/eckpunkte-eeg-novelle-2016,property=pdf,bereich=bmwi2012,sprache=de,rwb=true.pdf S.3
[11] vgl.:https://www.bmwi.de/BMWi/Redaktion/PDF/Publikationen/ausschreibungen-foerderung-erneuerbare-energien-anlage,property=pdf,bereich=bmwi2012,sprache=de,rwb=true.pdf

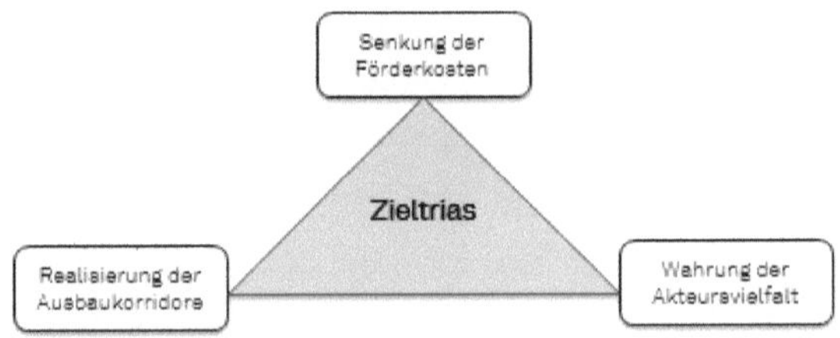

Abbildung 3-1 Zieltrias des Ausschreibungsdesign[12]

3.1 Ausbaukorridor (Zielerreichung)

Ausschreibungsvolumen sollen etappenweise den angestrebten Ausbaupfaden der Energiewende entsprechen. Eine *flexible* Anpassung dieser Volumina, Abhängig von der aktuellen Zubaumenge, soll die Erreichung der jährlichen Zubau-Ziele sichern.[13] Da die Ziele nicht um jeden Preis, ohne Beachtung der Wirtschaftlichkeit, erreicht werden sollen, wird ebenfalls ein intensiver Wettbewerb der Akteure angestrebt.

3.2 Wettbewerb (Wirtschaftlichkeit)

Um die entstehenden Kosten der Energiewende möglichst gering zu halten, ist es Ziel der Ausschreibungen, einen für die Gesellschaft, wirtschaftlichen Fördersatz zu ermitteln. Die produzierte erneuerbare Energie soll lediglich in einer Höhe vergütet werden, welche den wirtschaftlichen Betrieb der Anlage sichert und somit zu einer hohen Kosteneffizienz für Bund und Steuerzahler führt. Um dies zu erreichen, soll ein Wettbewerb geschaffen werden, welcher lediglich die Förderung der wirtschaftlichsten Akteure zulässt. Also de facto derer, die bereit sind zu den geringsten Fördersätzen an dem Ausbau von EE teilzunehmen. Um dabei keine möglichen Teilnehmer auszuschließen, wurde zusätzlich das Ziel einer breiten Akteursvielfalt definiert.

3.3 Akteursvielfalt

Als drittes Ziel des neuen Ausschreibungsdesigns wurde die Wahrung der Akteursvielfalt genannt. Da Privatpersonen, Kommunen und Mittelständler bisher maßgeblich zur Energiewende beigetragen haben soll auch weiterhin die breite Akteursvielfalt erhalten bleiben.

---

[12] vgl.: http://www.bee-ev.de/fileadmin/Publikationen/Studien/IZES20140627IZESBEE_EE-Ausschreibungen.pdf S.5

[13] vgl.:http://www.bmwi.de/BMWi/Redaktion/PDF/F/faq-photovoltaik-freiflaechenanlagen,property=pdf,bereich=bmwi2012,sprache=de,rwb=true.pdf S.2

3.4 Befreiung von Lobbyismusverdacht

Die Befreiung vom Lobbyismusverdacht wird als inoffizielles Ziel des Ausschreibungsdesigns gehandelt. Öffentliche, wettbewerbsbasierte Ausschreibungen sollen weniger dem Risiko unterliegen unwirtschaftliche Deals zu erzeugen, welche zu Lasten der Gesellschaft gehen.[14]

Zur Teilnahme an den Ausschreibungen sind gewisse Präqualifikationen notwendig. Einige dieser, werden im Folgenden näher betrachtet und stammen aus der Verordnung zur Ausschreibung der finanziellen Förderung für Freiflächenanlagen (Freiflächenausschreibungsverordnung, FFAV).

4. Grundvoraussetzungen zur Teilnahme (FFAV)

Zur Teilnahme an den Pilotausschreibungen sind gewisse Präqualifikationen zu erfüllen. Einige Auszüge der FFAV werden in den folgenden Abschnitten näher betrachtet. Die einzelnen Eckpunkte/Voraussetzung der FFAV dienen maßgeblich ein, den zuvor genannten Zielen genügendes, Ausschreibungsdesgin zu etablieren. Zu Beginn jeder Ausschreibung müssen sich die Teilnehmer mit den gesetzlichen Grundvoraussetzungen vertraut machen. Nicht Erfüllung der Anforderungen und formelle Fehler, führen zum Ausschluss an der jeweiligen Ausschreibungsrunde.[15]

4.1 Teilnahmeberechtigung

Um dem Ziel der Akteursvielfalt gerecht zu werden, sieht die Teilnahmeberechtigung in Bezug auf die Rechtsperson keine Beschränkung vor. Somit hat jeder Interessent (natürliche/juristische Personen & rechtsfähige Personengesellschaften), die Möglichkeit zur Teilnahme. Auch eine europaweite Teilnahme im Umfang von jährlich 5%, soll realisiert werden.[16]

4.2 Installierte Leistung

Es ist den Teilnehmern freigestellt, in welcher Höhe sie Leistung installieren möchten. Allerdings darf ein Gebot den Grenzwert 100kW nicht unter- und 10MW nicht

---

[14] vgl.:http://www.izes.de/cms/upload/publikationen/IZES_2014-05-20_BEE_EE-Ausschreibungen_Endbericht.pdf S.3
[15] vgl.:§6 FFAV (Voraussetzung für die Teilnahme an Ausschreibungen))
[16] vgl.:§ 2 Abs. 6 Satz 1 EEG 2014 (Grundsätze des Gesetzes)

überschreiten. Um auch hier die Akteursvielfalt nicht zu dezimieren, d.h. kleinere Teilnehmer weiterhin als Bestandteil der Energiewende mitwirken zu lassen, wurde eine sogenannte De-minimis Reglung eingeführt. Diese besagt, dass Projekte unterhalb der Leistungsgrenze von 1MW, nicht zur Teilnahme an Ausschreibungen verpflichtet sind und somit weiterhin wie bisher gefördert werden können.[17]

4.3 Eigenversorgung

Um eine Förderberechtigung nach Inbetriebnahme zu aktivieren und auch beizubehalten, sind die Teilnehmer verpflichtet, den produzierten Strom in vollem Umfang einzuspeisen und nicht zur Eigenversorgung zu nutzen.[18]

4.4 Konkretisierung/Flächenbezogenheit des Gebots

Die abgegebenen Gebote müssen die Fläche konkretisieren, auf der die Anlage installiert werden soll. Hierzu ist ein Aufstellungsbeschluss oder wenn bereits vorhanden, ein Bebauungsplan zu verwenden. Dies beinhaltet eine genaue Lokalisierung des Grundstücks(Bundesland, Landkreis, Gemeinde und Flurstück).[19] Wenn die Voraussetzungen erfüllt sind, können die Teilnehmer an den Ausschreibungen teilnehmen. Die einzelnen Phasen dieser werden im folgenden Kapitel 5 erläutert.

5. Ablauf des PV-Ausschreibungsverfahren im Detail

Die Ausschreibungsrunden werden derzeit von der Bundesnetzagentur (BnetzA) im gesamten Verlauf geplant und betreut, jedoch ist die Bundesregierung in der Lage laut *§88 Abs. 4, Satz 1 EEG2014 „...eine andere juristische Person des öffentlichen Rechts mit Ausschreibungen zu betrauen oder in entsprechendem Umfang eine juristische Person des Privatrechts zu beauftragen."* Die einzelnen Runden können in drei Hauptphasen gegliedert werden, welche im Folgenden umschrieben sind.

---

[17] vgl. http://ec.europa.eu/competition/consultations/2013_state_aid_environment/draft_guidelines_de.pdf Rn.127
[18] vgl.:§55 Abs. 2 Nr. 3 EEG 2014 (Ausschreibung der Förderung für Freiflächenanlagen)
[19] vgl.:§ 6 Abs. 3 Satz 5 FFAV (Voraussetzung für die Teilnahme an Ausschreibungen)

5.1 Ausschreibungsphase

In der ersten Phase circa 8 Wochen vor Beginn, werden der Gebotstermin und das im Voraus festgelegte Ausschreibungsvolumen durch die BnetzA bekannt gegeben. Die Gebote werden verdeckt abgegeben, müssen den Gebotsumfang (100kW-10MW), den Förderwert, welcher den Höchstpreis (gleitende Marktprämie) nicht überschreitet und Angaben zur Lage des Baugrundstücks enthalten. Hierbei wird eine erste Pönale von 4€/Kilowatt fällig.[20,21]

5.2 Prüfungsphase

In der darauf folgenden Phase werden alle Gebote, durch die BNetzA geprüft und entweder nach dem „Pay-as-Bid" Verfahren, wobei der Zuschlag in Höhe des Gebotes erfolgt, oder nach dem „Uniform-pricing" Verfahren vergeben. Wobei letzteres jedem Bieter den gleichen Zuschlag, in Höhe des höchst bezuschlagten Gebotes gewährt.[22] Zusätzlich zur Onlineveröffentlichung der Ergebnisse, werden die Bieter persönlich über den Ausgang der Vergabe informiert.

5.3 Realisierungsphase

Nach erfolgter Zuschlagserteilung, sind die Bieter verpflichtet binnen 10 Werktagen die Zweitpönale (welche bei Nicht-Realisierung oder bei Verzug fällig wird) in Höhe von 50€/Kilowatt zu stellen.[23] Ein Verzug hierbei hat den Verlust der Erstsicherheit zur Folge. Ebenfalls gegen Verlust der Erstsicherheit kann das Projekt in dieser Phase durch den Bieter zurückgegeben werden. Sollte die Gesamtmenge der zurückgewiesenen Zuschläge 30MW überschreiten, wird ein Nachrückverfahren angesetzt.[24] Zur Realisierung der Projekte steht den Teilnehmern eine Frist von 24 Monaten zur Verfügung, um den Förderanspruch zu aktivieren.

6. Ergebnisse der PV-Pilotausschreibungen

Erste Erfahrungen mit dem beschriebenen Design wurden im Jahre 2015 durch drei Ausschreibungsrunden gewonnen. Die BnetzA hat zu jeder Runde ein

---

[20] vgl.:§7 Abs. 2 FFAV (Erstsicherheit)
[21] vgl.:§6 FFAV (Voraussetzung für die Teilnahme an Ausschreibungen)
[22] vgl.:§12 Abs.2 FFAV (Zuschlagsverfahren)
[23] vgl.:§15 FAAV (Zweitsicherheit)
[24] vgl.:§12 Abs.3 FAAV (Zuschlagsverfahren)

Hintergrundpapier mit Informationen veröffentlicht. Einige Auszüge dieser werden im Folgenden betrachtet werden.

6.1 Einzelbetrachtung

Erste Ausschreibungsrunde (15. April 2015)[25]

In dieser Runde betrug das ausgeschriebene Volumen 150MW und wurde zu einem Höchstwert von 11,29ct/KWh über das „Pay-as-bid" Verfahren vergeben. 170 Gebote (davon 37 ausgeschlossen wegen Formfehler) mit einem Gesamtvolumen von 715MW wurden abgegeben, wovon 25 einen Zuschlag zum Durchschnitt von 9,17 ct/KWh erhielten.

Zweite Ausschreibungsrunde (01. September 2015)[26]

In der zweiten Runde wurde ebenfalls ein Volumen von 150MW, zu einem Höchstwert von 11,18ct/KWh mittels „Uniform pricing" vergeben. Abgegeben wurden 136 Gebote (davon 15 ausgeschlossen wegen Formfehler) mit einem Gesamtvolumen von 558MW, wovon 33 einen Zuschlag von 8,49ct/KWh erhielten.

Dritte Ausschreibungsrunde (01. Dezember 2015)[27]

In der letzten Runde 2015 wurden 200MW, zu einem Höchstwert von 11,09 ct/KWh ebenfalls über „Uniform pricing" vergeben. Von den 127 abgegeben Geboten (davon 13 ausgeschlossen wegen Formfehler), mit einem Gesamtvolumen von 562MW, erhielten 43 einen Zuschlag zu 8,00 ct/KWh.

6.2 Gesamtbetrachtung

Aus dem quantitativen Vergleich der abgegeben Gebote und Zuschläge (in MW), wird ein intensiver Wettbewerb ersichtlich. Jedoch wurden über alle Ausschreibungen hinweg lediglich 22-37% des Gebotsvolumen bezuschlagt, was de facto bedeutet, dass 63-78% des Volumen, welches trotz niedrigerer Förderwerte als dem Höchstsatz,

---

[25]vgl.:http://www.bundesnetzagentur.de/SharedDocs/Downloads/DE/Sachgebiete/Energie/Unternehmen_Institutio nen/ErneuerbareEnergien/PV-Freiflaechenanlagen/Gebotstermin_15_04_2015/Hintergrundpapier_PV-FFA_Runde1.pdf?__blob=publicationFile&v=2

[26]vgl.:http://www.bundesnetzagentur.de/SharedDocs/Downloads/DE/Sachgebiete/Energie/Unternehmen_Institutio nen/ErneuerbareEnergien/PV-Freiflaechenanlagen/Gebotstermin_01_08_2015/Hintergrundpapier_PV-FFA_Runde2.pdf?__blob=publicationFile&v=3

[27]vgl.:http://www.bundesnetzagentur.de/SharedDocs/Downloads/DE/Sachgebiete/Energie/Unternehmen_Institutio nen/ErneuerbareEnergien/PV-Freiflaechenanlagen/Gebotstermin_01_12_2015/finalesHintergrundpapier_01_12_2015.pdf?__blob=publication File&v=1

nicht gefördert und realisiert wird. Die niedrigen, monetären Zuschlagswerte weisen auch darauf hin, dass die Teilnehmer ihre Anlagen sehr *knapp/hart* kalkuliert haben. Auffällig ist, dass bei der ersten Ausschreibungsrunde weder das Gebot einer Genossenschaft noch einer natürliche Person bezuschlagt wurde. Die zweite Ausschreibungsrunde verlief mit Blick auf die Zuschläge nach Rechtsformen ähnlich, wobei erstmals eine GbR einen Zuschlag erhielt. Natürliche Personen konnten auch hierbei keinen Zuschlag erlangen. Erst bei der letzten Ausschreibung im Dezember 2015 zeigte sich ein Wandel, da drei natürliche Personen, zwei GbRs sowie zwei Genossenschaften erfolgreich aus dieser Runde hervor gingen.

6.3 Kritik

Seit der Bekanntgabe der Umstellung des Fördersystems, ist das Design starker Kritik verschiedener Energieverbände, Institute und Fachmagazine ausgesetzt. Auch nach den ersten Pilotausschreibungen ist diese nicht verstummt.

Ein Ausschnitt der Kritiken bieten die Aussagen des Bundesverband für Energie- und Wasserwirtschaft (BDEW). Dieser kritisiert die eingeschränkte Standortwahl der Ausschreibungen, welche auf die Flächenrestrektion des EEG 2010 zurückzuführen ist, da diese den Ausbau der PV-Anlagen trotz hoher Akzeptanz bei den Bürgern behindere.[28] Gegen die Flächenrestrektion sprach sich ebenfalls der Bundesverband für Solarwirtschaft (BSW) aus.[29] Des Weiteren bemängelte der Verband beispielweise die Gebotsgrenze von 10MW, da diese unter anderem die Nutzung von Skaleneffekten vermindere.[30]

Auch das ausgeschriebene Volumen sieht der Verband als zu gering an, vor allem mit Blick auch die mehrfache Überzeichnung der Ausschreibungen. Der Präsident der Energy Watch Group, Hans-Josef Fell, kritisierte die Volumina als Blockade der Energiewende, welche ein Überschreiten der Zielvorgaben verhindere.[31] Die Benachteiligung von Ackerflächen bei „Uniform pricing" Modellen und die Chancenungleichheit bei gemeinsamen Ausschreibungen von Dach- und Freiflächenanlagen bei zukünftigen Ausschreibungen wurden durch Carsten Pfeiffer,

---

[28] vgl.:http://www.pv-magazine.de/nachrichten/details/beitrag/kritik-am-ausschreibungsdesign-fr-photovoltaik freiflchenanlagen-reit-nicht-ab_100017981/
[29] vgl.:https://www.solarwirtschaft.de/pv-freiflaechenanlagen.html
[30] vgl.:https://www.solarwirtschaft.de/pv-freiflaechenanlagen.html
[31] vgl.:http://www.klimaretter.info/forschung/nachricht/19626-400-millionen-euro-fuer-die-energiewende

Leiter Strategie und Politik beim Bundesverband Erneuerbarer Energien (BEE) als schwierig eingestuft.[32] Aufgrund des „atmenden Deckels", ein Werkzeug der indirekten Mengensteuerung, können die vergebenen Zuschlagssätze binnen der 24 monatigen Frist, theoretisch auch höher liegen als bei Anwendung der degressiven EEG-Vergütung.[33]

7. Fazit

Den genannten überwiegend negativen Kritiken stehen vergleichsweise wenig positive Argumente entgegen. Beispielweise, dass es keine Ausnahmereglungen für unterschiedlicher Teilnehmender Organisationsformen gibt (BSW).[34] Das angewandte Ausschreibungsdesign lässt Konflikt innerhalb des Zieltrias erkennen. Um die Ausbauziele zu erreichen, sind Präqualifikationen (beispielweise Aufstellungsbeschluss) und Pönale erforderliche, welche gleichermaßen für kleinere, finanzschwächere Teilnehmer hohe Martkeintrittsbarrieren darstellen. Der umfangreiche administrative Aufwand , die hohen Sicherheiten kombiniert mit den *niedrigen* Chancen eines Zuschlages bedrohen die Akteursvielfalt.[35] Somit ist zwar das Ziel der Gleichheit, nicht aber das Ziel der Diskriminierungsfreiheit verwirklicht.

Die Präqualifikationen und Pönalen erhöhen für große wirtschaftliche Akteure das Investitionsrisiko und damit das Verlangen nach höheren Renditen, welche dem Ziel der Förderkostensenkung entgegenstehen. Unsicherheiten über den zukünftigen Wandel des Designs, resultierend aus dem zeitnahen Lernen und Anpassen des Ausschreibungsdesigns, stellen ein weiteres Risiko für Investoren da. Dies ist jedoch notwendig um das Design effizient und zielorientiert zu gestalten.

Das all die genannten Punkte nicht bloße Zukunftsbedenken darstellen, wurde bereits durch eine Publikation[36] des Institut für ZukunftEnergieSysteme (IZES) untermauert, welche im Auftrag des Bundesverbandes für Erneuerbare Energien (BEE) entstand

---

[32] vgl.:http://www.pv-magazine.de/nachrichten/details/beitrag/dachanlagen-bei-gemeinsamen-ausschreibungen-mit-freiflchenanlagen-im-nachteil_100021351/

[33] vgl.:https://www.bmwi.de/BMWi/Redaktion/PDF/E/eeg-reform-eckpunkte-anlage,property=pdf,bereich=bmwi2012,sprache=de,rwb=true.pdf S.2

[34] vgl.:http://www.aros-solar.com/de/bollettino//kritik-am-ausschreibungsdesign-fur-photovoltaik-freiflachenanlagen-reibt-nicht-ab

[35] vgl.:http://www.buendnis-buergerenergie.de/fileadmin/user_upload/Buergerenergie_und_Ausschreibungen_BBEn_2015.pdf S.7

[36] vgl.:http://www.izes.de/cms/upload/publikationen/IZES_2014-05-20_BEE_EE-Ausschreibungen_Endbericht.pdf

und in internationalen Medien wie dem Handelsblatt Beachtung fand.[37] Die Thesen der Autoren Leprich, U., Hauser, E.; Weber, A. und Zipp, A. decken sich größtenteils mit den Kritikpunkten der Verbände. Auch bereits vorhandene Erfahrungen welche aus internationalen EE-Ausschreibungen gewonnen werden konnten, wie in Brasilien, Frankreich, Niederlande, und Afrika (Wind Onshore), wurden hierbei untersucht. Internationale Projekte zeigten häufig gleiche oder ähnliche Schwachpunkte und trotz teilweise erheblichen Pönale zur Zielsicherung/-erreichung, konnte keines dieser Länder eine Projektrealisierungsquote von mehr als 30% aufweisen. Größtenteils waren diese erheblich geringer, wie Prof. Dr. Uwe Leprich, wissenschaftlicher Leiter des Instituts für ZukunftsEnergieSysteme (IZES), 2014, in einem Vortrag zum Parlamentarischen Abend des BEE berichtete. (Brasilien 10,46GW vergeben, 1,8GW errichtet; Südafrika 2011 ca. 20%; 2012-13 ca.0%).[38]

Trotz der Mängel. hält die Bundesregierung an ihrem Plan fest und wird laut der Umweltschutz- und Energiebeihilfeleitlinien der Europäischen Kommission (EEAG) ab 1. Januar 2017 alle EE-Quellen durch Ausschreibungen vergeben. Es sei denn, es wird nachgewiesen werden dass[39]:

- Ausschreibungen nur bei wenigen Projekten durchführbar sind.
- Ausschreibungen zu höheren Förderkosten führen
- Ausschreibungen zu niedrigen Projektrealisierungsraten führen

Wobei der Gesetzestext keine Definition von niedrigen Förderwerten oder Realisierungsraten enthält, was den Nachweis der Selbigen erschwert. Wie die Zukunft der EE-Förderung sich in Deutschland entwickeln wird ist daher ungewiss und hängt maßgeblich von dem Bericht der Bundesregierung an den Bundestag ab, welcher laut Gesetz bis spätestens 30. Juni 2016 bisherigen Ausschreibungserfahrungen inklusive Handlungsempfehlung beinhaltet.[40]

---

[37] vgl.:http://www.handelsblatt.com/technik/das-technologie-update/energie/izes-studie-ausschreibungen-machen-energiewende-nicht-billiger/9920612.html
[38] vgl.:http://www.izes.de/cms/upload/publikationen/V_UL_20140924_BEE.pdf S.10
[39] vgl.:http://eur-lex.europa.eu/legal-content/EN/TXT/PDF/?uri=CELEX:52014XC0628(01)&from=EN C 200/26
[40] vgl.:§99 EEG2014 (Ausschreibungsbericht)

8. Quellenangaben

Annual Conference of Parties. *Find out more about COP21.* [Online] [Zugriff vom: 03. 12 2015.] http://www.cop21paris.org/about/cop21/

Bundesministerium für Umwelt, Naturschutz, Bau und Reaktorsicherheit. *Klimaschützer schreiben Geschichte.*[Online] [Zugriff vom: 12. 11 2015.] http://www.bmub.bund.de/presse/pressemitteilungen/pm/artikel/klimaschuetzer-schreiben-geschichte/

Bundesministerium für Wirtschaft und Energie. *Das Erneuerbare-Energien-Gesetz.* [Online] [Zugriff vom: 07. 12 2015.] https://www.erneuerbare-energien.de/EE/Redaktion/DE/Dossier/eeg.html?cms_docId=71110

Bundesministerium für Wirtschaft und Energie. *EEG-Novelle 2016 - Eckpunktepapier-.* [Online] [Zugriff vom: 08. 12 2015.] https://www.bmwi.de/BMWi/Redaktion/PDF/E/eckpunkte-eeg-novelle-2016,property=pdf,bereich=bmwi2012,sprache=de,rwb=true.pdf

Bundesministerium für Wirtschaft und Energie. *Ausschreibungen für die Förderung von Erneuerbare-Energien-Anlagen.* [Online] [Zugriff vom: 05. 12 2015.] https://www.bmwi.de/BMWi/Redaktion/PDF/Publikationen/ausschreibungen-foerderung-erneuerbare-energien-anlage,property=pdf,bereich=bmwi2012,sprache=de,rwb=true.pdf

Bundesministerium für Wirtschaft und Energie. *FAQ zur Verordnung für Pilotausschreibungen für Photovoltaik-Freiflächenanlagen.* [Online] [Zugriff vom: 20. 12 2015.] http://www.bmwi.de/BMWi/Redaktion/PDF/F/faq-photovoltaik-freiflaechenanlagen,property=pdf,bereich=bmwi2012,sprache=de,rwb=true.pdf

Bundesministerium für Wirtschaft und Energie. *Anlage zu den "Eckpunkten für die Reform des EEG".* [Online] [Zugriff vom: 04. 01 2016.] https://www.bmwi.de/BMWi/Redaktion/PDF/E/eeg-reform-eckpunkte-anlage,property=pdf,bereich=bmwi2012,sprache=de,rwb=true.pdf

Bundesnetzagentur. *Ergebnisse der ersten Ausschreibungsrunfe für PV-Freiflächenanlagen vom 15. April 2015.* [Online] [Zugriff vom: 15. 12 2015.] http://www.bundesnetzagentur.de/SharedDocs/Downloads/DE/Sachgebiete/Energie/Unternehmen_Institutionen/ErneuerbareEnergien/PV-Freiflaechenanlagen/Gebotstermin_15_04_2015/Hintergrundpapier_PV-FFA_Runde1.pdf?__blob=publicationFile&v=2

Bundesnetzagentur. *Ergebnisse der zweiten Ausschreibungsrunde für PV-Freiflächenanlagen vom 1.August 2015.* [Online] [Zugriff vom: 15. 12 2015.] http://www.bundesnetzagentur.de/SharedDocs/Downloads/DE/Sachgebiete/Energie/Unternehmen_Institutionen/ErneuerbareEnergien/PV-Freiflaechenanlagen/Gebotstermin_01_08_2015/Hintergrundpapier_PV-FFA_Runde2.pdf?__blob=publicationFile&v=3

Bundesnetzagentur. *Ergebnisse der dritten Ausschreibungsrunde für PV-Freiflächenanlagen vom 1. Dezember 2015.* [Online] [Zugriff vom: 18. 01 2016.] http://www.bundesnetzagentur.de/SharedDocs/Downloads/DE/Sachgebiete/Energie/Unternehmen_Institutionen/ErneuerbareEnergien/PV-Freiflaechenanlagen/Gebotstermin_01_12_2015/finalesHintergrundpapier_01_12_2015.pdf?__blob=publicationFile&v=1

Bundesverband Solarwirtschaft. *PV-Freiflächenanlagen.* [Online] [Zugriff vom: 09. 12 2015.] https://www.solarwirtschaft.de/pv-freiflaechenanlagen.html

Enkhardt, Sandra. Aros Solar Technology. *Kritik am Ausschreibungsdesign für Photovoltaik-Freiflächenanlagen reißt nicht ab.* [Online] [Zugriff vom: 07. 01 2016.] http://www.aros-solar.com/de/bollettino//kritik-am-ausschreibungsdesign-fur-photovoltaik-freiflachenanlagen-reibt-nicht-ab

Europäische Kommission. *Entwurf der Leitlinien für staatliche Umwelt- und Enerbeihilfen 2014-2020.* [Online] [Zugriff vom: 18. 12 2015.] http://ec.europa.eu/competition/consultations/2013_state_aid_environment/draft_guidelines_de.pdf

European Commission. *Guidelines on State aid for environmental protection and energy 2014-2020.* [Online] [Zugriff vom: 05. 01 2016.] http://eur-lex.europa.eu/legal-content/EN/TXT/PDF/?uri=CELEX:52014XC0628(01)&from=EN

Eva Hauser, Andreas Weber, Alexander Zipp, Uwe Leprich. Bundesverband Erneuerbare Energien e.V. *Bewertung von Ausschreibungsverfahren als Finanzierungsmodell für Anlagen erneuerbarer Energienutzung.* [Online] [Zugriff vom: 25. 11 2015.] http://www.bee-ev.de/fileadmin/Publikationen/Studien/IZES20140627IZESBEE_EE-Ausschreibungen.pdf

Institut für ZukunftsEnergieSysteme. *Bewertung von Ausschreibungsverfahren als Finanzierungsmodell für Anlagen erneuerbarer Energiennutzung.* [Online] [Zugriff vom: 27. 12 2015.] http://www.izes.de/cms/upload/publikationen/IZES_2014-05-20_BEE_EE-Ausschreibungen_Endbericht.pdf

Klimaretter. *400 Millionen Euro für die Energiewende.* [Online] [Zugriff vom: 20. 12 2015.] http://www.klimaretter.info/forschung/nachricht/19626-400-millionen-euro-fuer-die-energiewende

Leprich, Uwe. Institut für ZukunftsEnergieSysteme. *Impulsvortrag zum Parlamentarischen Abend des Bundesverbandes Erneuerbarer Energien (BEE).* [Online] [Zugriff vom: 28. 12 2015.] http://www.izes.de/cms/upload/publikationen/V_UL_20140924_BEE.pdf

Marco Sieg. PV-Magazine. *Dachanlagen bei gemeinsamen Ausschreibungen mit Freiflächenanlagen im Nachteil.* [Online] [Zugriff vom: 15. 11 2015.] http://www.pv-magazine.de/nachrichten/details/beitrag/dachanlagen-bei-gemeinsamen-ausschreibungen-mit-freiflchenanlagen-im-nachteil_100021351/

Nestle, Uwe. Bündnis für Bürgerenergie. *Ausschreibungen für Erneuerbare Energien: Überwindbare Hemmnisse für Bürgerenergie?* [Online] [Zugriff vom: 10. 01 2016.] https://www.buendnis-buergerenergie.de/fileadmin/user_upload/Buergerenergie_und_Ausschreibungen_BBEn_2015.pdf

PV-Magazine. *Kritik am Ausschreibungsdesign für Photovoltaik-Freiflächenanlagen reißt nicht ab.* [Online] [Zugriff vom: 30. 11 2015.] http://www.pv-magazine.de/nachrichten/details/beitrag/kritik-am-ausschreibungsdesign-fr-photovoltaik-freiflchenanlagen-reit-nicht-ab_100017981/

Reuters. Handelsblatt. *Ausschreibungen machen Energiewende nicht billiger.* [Online] [Zugriff vom: 28. 12 2015.] http://www.handelsblatt.com/technik/das-technologie-update/energie/izes-studie-ausschreibungen-machen-energiewende-nicht-billiger/9920612.html

Unendlich viel Energie. *Ausschreibungen in der Kritik.* [Online] [Zugriff vom: 07. 12 2015.] http://www.unendlich-viel-energie.de/themen/politik/ausschreibungen-in-der-kritik